从无到有，万物都经历变化；
探访起源，了解造物的法则。

自然界中的动物们擅长上演各式各样的"变形计"

走近千变万化的动物世界
揭示动物成长过程中的"神奇魔术"

翻开书，让我们一起揭开万物起源的秘密。

万物起源的秘密

动物变形计

何佳芬等 / 著　　张义文等 / 摄影　　严凯信等 / 插图

海峡出版发行集团
THE STRAITS PUBLISHING & DISTRIBUTING GROUP

福建少年儿童出版社
FUJIAN CHILDREN'S PUBLISHING HOUSE

目录 Contents

螃 蟹

寄居蟹

动物防身术

青蛙

青蛙，披着一身绿色或咖啡色的外衣，露出雪白的肚皮，还有一双圆溜溜的大眼睛。青蛙属于两栖类动物，和绝大多数爬行类动物一样是变温动物，体温会随着周围环境的温度升高或降低。它们喜欢生活在潮湿地、石头缝、泥洞里，以减少体内水分的流失。

"小逗号" 的诞生

知识链接

蝌蚪是蛙和蟾蜍的幼体。蝌蚪用鳃呼吸，靠尾巴（尾鳍）摆动前进。

小小的卵静静沉睡在泡泡里，并不会长大，却在悄悄发生变化。圆圆亮亮的卵中，我们可以看到鼓鼓的肚子、细长的小尾巴，像极了"小逗号"。随着时间推移，你们猜，它们会变成什么呢？答案揭晓，"小逗号"就是小蝌蚪！

树蛙的泡沫卵块里，可能有300~400粒卵。

小蝌蚪出来了。

肚子上的血管看得很清楚，小蝌蚪快要孵出来了。

圆圆亮亮的卵。

外围慢慢出现一层透明胶膜。

身上出现了斑点。

可以看见尾巴和眼睛了。

知识链接
　　一般来说，蟾蜍的蝌蚪尾巴比较扁平，青蛙的蝌蚪尾巴末端比较尖细。

小蝌蚪觅食记

蟾蜍蝌蚪全身黑，看不出哪里是眼睛，哪里是嘴巴。

雨蛙蝌蚪长得像外星宝宝。

刚刚孵出来的小蝌蚪，肚子又大又白，里面存留着非常多的养分，就算一整天不吃东西，它们也仍然活力满满。养分用完后，小蝌蚪就要开始觅食啦！水藻、细小的浮游生物、鱼虾的腐肉，甚至是青苔，都成了小蝌蚪的盘中餐。

又大又白的肚子里，全是养分。

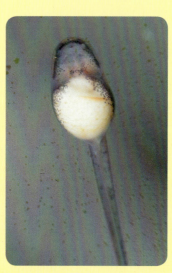

小蝌蚪一天天长大。

肚子里长出一圈一圈的肠道。

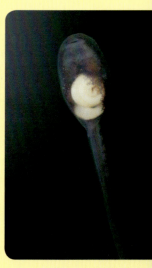

吃饱了，肠道也变粗了。

（树蛙蝌蚪）

知识链接

蛙类的蝌蚪体色大多比较浅。

蝌蚪的嘴里有一排
一排的角质齿。

感到有危险时，
蝌蚪会故意把腹部朝
上装死。

死掉的虾，成了蝌蚪的食物。

知识链接

蟾蜍的蝌蚪常常聚集在一起，
蛙类的蝌蚪通常单独行动。

圆圆的身体，长长的尾巴，蝌蚪一点也不像妈妈。

蝌蚪一天天长大，先长出后腿，再长出前腿。

前腿长出来了。

"大展拳脚" 的小蝌蚪

小蝌蚪的身体在一点一点地发生变化，它们先是长出了两条后腿。过了几周，两条前腿也逐渐长了出来。它们的小尾巴越来越短，越来越短，最后竟然消失了！有的小蝌蚪变成了蟾蜍，有的小蝌蚪变成了青蛙。变身后的它们，长长的后腿向后一划，"唰"地一下，蹿出好远，一蹦一跳地上了岸！

尾巴慢慢变短。

身上的颜色变绿了。

知识链接

青蛙的肺并不发达，气体交换量不大，所以它们还会借助皮肤上的细胞来呼吸。

现在可是一只会上岸的小青蛙咯！

青蛙怎么觅食？（　　　）

A. 后腿用力一蹬，跳起来把小虫吃进嘴里。

B. 用"手"（蹼pǔ）抓小虫吃。

C. 张大嘴巴，等着小虫飞进来。

D. 翻弹出倒收在嘴里的长舌头，粘小虫吃。

答案：AD

蜗牛

蜗牛是生活在陆地上并且在陆地上繁殖的软体动物。它们喜欢在潮湿阴暗、疏松多腐殖质的环境中生活，鲜嫩翠绿的芽叶是它们最喜欢的食物。蜗牛在世界各地均有分布，目前全球已知的蜗牛有25000多种。

蜗牛宝宝

瞧！小蜗牛破壳了！一只只小小的蜗牛宝宝，缓缓地从蛋壳里爬了出来，慢慢地蠕动着。凑近一看，它们有着透明的身体，就连壳都是透明的，好像一颗颗透明的玻璃球。蜗牛宝宝们露出半个身体，挥舞着透明的触角，仿佛对这个大千世界充满了好奇。

1 头部旁边白色的小孔，是蜗牛生蛋的地方。

6 蜗牛宝宝身体和壳的颜色，会随着长大而越来越深。

2

在安全又温暖的环境中，小蜗牛才能顺利孵化。

知识链接

大多数蜗牛是卵生，只有少数蜗牛是卵胎生。蜗牛多会在春天或夏天的多雨潮湿的天气出来找伴侣繁殖。

3

蜗牛宝宝孵出来了。

5

蜗牛宝宝一出生就带着壳，随着蜗牛长大，壳也会跟着长大。

4

蜗牛宝宝孵出后，会把自己的空蛋壳吃掉。

知识链接

蜗牛卵在夏天大约经过 7~10 天即可孵化；冬天如果气温不低，大概半个月就能孵化。

蜗牛 长大了

出生不久的蜗牛，壳和身体有点透明。

出生后的蜗牛宝宝，一口接一口地享用着美味的叶子大餐，身体一天一天地长大。身上半透明的壳色彩逐渐加深，变成了更为坚实的"盔甲"，紧紧保护着蜗牛宝宝那柔软的身躯。就这样，蜗牛宝宝慢慢长成了大蜗牛啦！

一个月大的蜗牛，壳渐渐变厚，颜色也慢慢转深。

一年后的蜗牛，身体长大了，壳也变大了，壳上的条纹更明显了。

知识链接

没有口盖的蜗牛同时具有雌雄两套生殖器官，又有精子，又有卵子，但是大部分蜗牛不能用自己的精子让自己的卵子受精。

哥俩好，一起来玩叠罗汉。

知识链接

大多数一对触角且有口盖的蜗牛是雌雄异体，只有雌蜗牛才会产卵。

有的蜗牛一出生就是"白子"（又称白化症），长大以后，身体的颜色还是白的，但是壳的颜色会变深。

我们是不同年龄的非洲大蜗牛，来，排成一行，看看谁是哥哥，谁是弟弟。

看我表演倒挂，功夫不错吧！

在粗糙的树干上爬行也不会受伤。

从叶子正面爬到背面，一点也不困难。

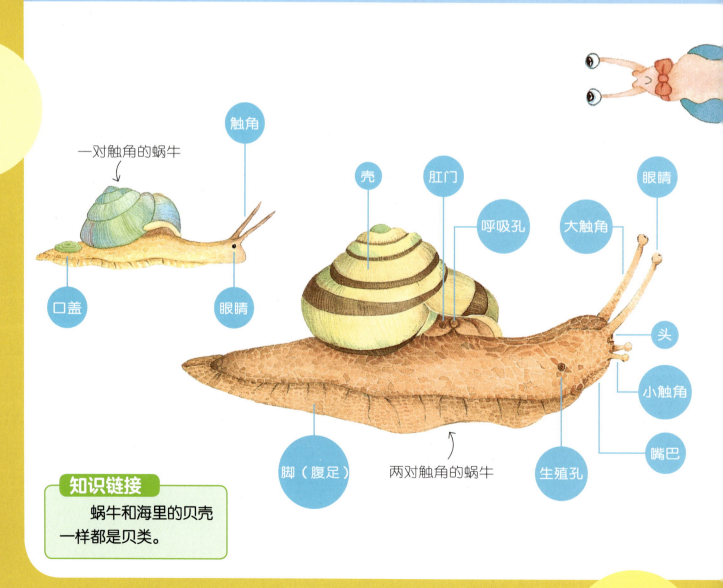

一对触角的蜗牛

触角

口盖

眼睛

壳

肛门

呼吸孔

大触角

眼睛

头

小触角

嘴巴

脚（腹足）

两对触角的蜗牛

生殖孔

知识链接

蜗牛和海里的贝壳
一样都是贝类。

14

走在植物的卷须茎上，好像表演走钢索。

蜗牛的黏液使脚更有吸附力，它爬在光滑的玻璃窗上也不会掉下来。

蜗牛的黏液有润滑作用，它爬在有刺的叶子上也不会痛。

小身体大本领

　　说来你或许不相信，蜗牛那小小的身躯，可是蕴藏着大大的能量。它浑身都是本领，技能点满满。它会化身为攀爬高手，软软的身体伸缩自如，悬空、倒挂、翻跟头，都不在话下。

蜗牛的脚（又称腹足）好像一大片肉，不分左脚或右脚。

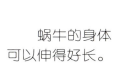

蜗牛的身体可以伸得好长。

15

天气好热啊!

身体缩起来。

有两对触角的蜗牛大多没有口盖，休眠时，会分泌石灰质薄膜封住壳口，防止水分散失。

蜗牛身体太干时会死掉，所以它们喜欢在潮湿的地方活动。

大多数一对触角的蜗牛有口盖，休眠时就用口盖封住壳口，防止水分散失。

知识链接

蜗牛壳由内脏外面的外套膜所分泌的碳酸钙质形成，如果壳有点破损，外套膜会分泌碳酸钙质加以修补，让它恢复原状。

触角缩起来。

干脆缩进壳里休息一下。

天气热得受不了，躲在叶片下面凉快一下吧！

保护自己

　　蜗牛的壳，在蜗牛一出生的时候就开启了保护模式。当天气太热、太冷或者太干燥的时候，蜗牛都会选择躲进壳里呼呼大睡。所以啊，壳是蜗牛移动的家，是蜗牛的保护伞，是蜗牛的避风港。

考考你

大多数蜗牛的寿命有多长？（　　　　）

A. 1周~8周

B. 3个月~6个月

C. 2年~6年

D. 10年以上

答案：C

螃蟹

螃蟹身着"盔甲",挥舞着两只大螯,像极了威风凛凛的铁甲武士!螃蟹属于甲壳纲、十足目,包裹身体的甲壳是它们的骨骼,被称为"外骨骼";像钳子的螯由第一对脚演化而来。海洋是螃蟹的发源地,大多数螃蟹以海为家。

螃蟹妈妈 抱着卵

　　和大多数动物一样，螃蟹宝宝经过螃蟹妈妈的孕育、悉心照料才能从小小的卵茁壮成长为"铁甲武士"！瞧，螃蟹妈妈竭尽所能地保护着藏在腹部上的卵，无论走到哪儿，都紧紧拥抱着它们，给予小生命们最实在的安全感。

螃蟹抱卵

　　雌蟹为了保护卵，会把卵藏在腹部，无论走到哪儿，都抱着卵，这种行为称为"抱卵"。

　　螃蟹因为种类不同，卵的数量、大小、颜色也不一样。通常溪蟹的卵较大，数量较少；住在海里、潮间带的蟹类卵比较小，数量较多。

抱着卵的雌蟹，当卵快孵化时，会泡进水中帮助卵孵化。

知识链接

当螃蟹繁育后代时，雄蟹会将精子输入雌蟹的储精囊中，等雌蟹一排卵，卵就会经过储精囊而完成受精。

溪蟹妈妈直到幼蟹孵出后还继续抱着幼蟹。

（拉氏清溪蟹）

刚脱完壳的螃蟹，身体的颜色较浅。螃蟹一生都会不断蜕壳，长成成蟹后，随着年纪变大，蜕壳的间隔会更久。

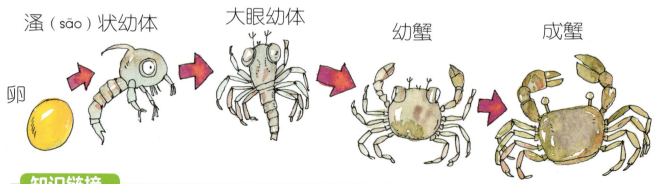

卵　　　溞（sāo）状幼体　　　大眼幼体　　　幼蟹　　　成蟹

知识链接

大多数的螃蟹一生都会不断蜕壳，蜕壳的次数随种类而不同。只有少数的螃蟹成熟后不再蜕壳，例如蜘蛛蟹。

小螃蟹 蜕壳

知识链接

　　一般螃蟹幼体孵出后就离开妈妈，成群地在水中生活，聚集于水面，以浮游生物为食。

　　螃蟹宝宝们没有辜负螃蟹妈妈的期望。它们慢慢地从卵孵化成幼体，幼体长得不像爸爸妈妈，而是有些像水蚤。离开了妈妈的庇护，"自立门户"的它们，生长迅速，挥挥螯、扭扭身，一次又一次蜕下硬硬的壳，小小的螃蟹就这样长大啦！

有的螃蟹会把蜕下的壳吃掉。

和尚蟹的成长过程

溞状幼体经过数次蜕壳变成的大眼幼体。

大眼幼体经过数次蜕壳长成身体透明的幼蟹。

幼蟹经过数次蜕壳后长成成蟹。

23

抱卵的雌蟹，挺起身体，张开双螯，摆出威吓的姿势保护自己。

敌人来了

　　"铁甲武士"也有着自己的天敌。靠速度脱身是螃蟹的惯用手法，灵敏的它们在发现危险的时候，总能迅速地逃进洞里，让敌人束手无策。

　　保护色是螃蟹的小妙招，它们会把身体埋进沙里，让敌人难以发现。

　　螃蟹还是个狠角色，"自割"是螃蟹御敌的杀手锏，它们会断掉自己的螯或者脚吸引敌人的注意力，然后趁机逃跑！

知识链接

有的螃蟹会利用身边的物品来伪装自己，比如利用贝壳把身体遮盖住。

自割

当螃蟹被敌人捉住时，为了逃命，它会自己断掉螯或者脚，这种行为被称为"自割"。自割断掉的地方，不会流出任何体液，经过几次蜕壳后会再长出来。

有的螃蟹全身长满了密密、软软的毛，像一团草，让敌人不易发现。

有的螃蟹会把身体埋入沙里，把自己隐藏起来。

有的螃蟹碰到敌人就张开大螯和脚示威。

考考你

螃蟹靠什么呼吸？（　　　）

A. 气孔

B. 腮

C. 肺

D. 外壳

答案：B

寄居蟹

寄居蟹是住在壳里的"小精灵"，它们穿梭在潮间带的石缝中、海岸边的湿地上、漆黑的深海里……全世界约有近千种寄居蟹，我国有约百种。每年5月~9月是寄居蟹繁殖的季节。

寄居蟹 长这样

　　寄居蟹像蜗牛一样背着壳，又像虾一样有着细细的触角。然而，仔细观察，我们就会发现寄居蟹的特别之处。寄居蟹的头部和胸部，都有着坚硬的甲壳。可是，离头、胸不远处的腹部却非常柔软，稍不小心，就会受伤。所以，寄居蟹需要为自己寻找一个"保护盾"。

我是女生！

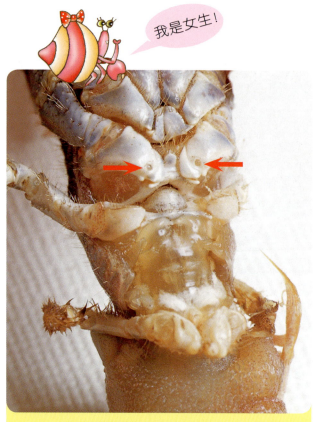

母寄居蟹的生殖孔位置在第三胸足两侧。

我是男生！

公寄居蟹的生殖孔位置在第五胸足两侧。

大触角

小触角

第一胸足
（螯足）

第二胸足

眼柄

第三胸足

第四胸足

第五胸足

尾节

腹肢

知识链接

　　寄居蟹的头胸部有甲壳保护，十足中有六足行走时在壳外，其他四足都已经退化得短短的，隐藏在壳内。

在繁殖期，母寄居蟹会有抱卵的行为，把卵团藏在壳里。

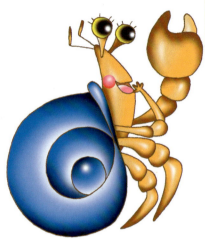

受精卵的颜色会随着时间慢慢变深。

刚受精的卵是红色的。

所有寄居蟹幼体都是在海里诞生、长大的哟！

幼体要孵化时，雌寄居蟹会到海中，将身体一进一出，利用海水的冲力把寄居蟹幼体释放到海里。

寄居蟹宝贝诞生了

寄居蟹宝宝是从小小的卵开始生长的，寄居蟹妈妈把受精卵藏在壳里，不分昼夜地保护着它们。直到寄居蟹宝宝孵化成功，寄居蟹妈妈才会放下心来，把它们送入海里，鼓励它们展开一段新的冒险之旅。

知识链接

刚孵化出的溞状幼体长度只有 0.3 厘米左右，大约每一星期蜕一次皮。

31

走啊走，我要找一个新家。

啊，有新壳了！嗯……好像小了点。

挑挑选选 换新房

寄居蟹最喜欢做的事情就是"乔迁新居"！随着身体一天天长大，原来的"房子"渐渐显得小了，它需要寻找新的住所。瞧，那里似乎有空的螺壳！寄居蟹迅速上前，用坚实的大螯敲打、试探着，的确是个不错的选择呢！寄居蟹将内部的脏物清理干净，快快乐乐地住进新家！

哇，好棒的新家！

知识链接

寄居蟹的外壳是螺贝类的空壳，身体长大时壳不会跟着变大，所以它们需要不断更换新壳。

这个好像很不错！

先打扫干净。

这个好像又大了点。

大小刚刚好呢！

搬家啰！

知识链接
　　并不是所有寄居蟹都要背螺壳，例如长大后的椰子蟹，由于外壳坚硬，所以并不需要螺壳的保护。

什么时候寄居蟹会寻找新壳/换壳？（　　　　）

A. 繁殖期。

B. 身体长大，旧壳住不下了。

C. 发现一个大小、形状合适的新螺壳。

D. 刚孵化出的寄居蟹宝宝（溞状幼体）。

动物防身术

　　动物的一生面临着种种危机，它们需要掌握防身术来应对复杂而险恶的生存环境，在残酷的生存斗争中开辟出一片立足之地。一起来看看，动物到底有哪些五花八门、千奇百怪的防身妙计吧！

大象是世界上最大的陆生动物，除了人类之外，几乎没有其他天敌。

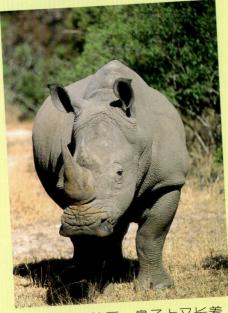

犀牛皮肤厚，鼻子上又长着长长的大角，绝大多数的肉食动物都不敢惹它。

河马不仅块头大，而且大多数的时间都在水里，可以减少被攻击的机会。（摄影／詹德川）

阿拉斯加棕熊是体形第二大的棕熊，公熊的体重可超过600千克，站立起来比一个成人还要高很多。

大块头 的动物

提到大块头的动物，你会想到谁？大象？犀牛？还是河马？在它们身上，我们能够看到一种与生俱来的安全感。硕大的体形、强壮的身体以及巨大的力气，是让敌人闻风丧胆的存在，谁也不敢随便招惹它们！

长颈鹿个子高，从很远的地方就可以看到敌人，有力的后腿还可以攻击敌人哟！

（摄影／张义文）

动作快 的动物

　　你们相信吗？有些动物在努力地学习着"三十六计"，把"走"为上策运用得恰到好处！它们动作快、身子巧，当遇上危险时，总是能够"嗖"的一声离开现场。敌人们都来不及反应，它们就已经逃之夭夭了。

兔子一觉察到危险，就会马上跳开，跑得远远的。

一发现危险，秃鹰们马上张开翅膀飞离。

羚羊的腿灵巧又跑得快，是很好的逃生法宝。

貂的警觉性很高，觉得危险时会赶快躲进洞里。

遇到危险时，一群斑马一起跑，让敌人分不清楚要抓的是谁！

成群结队的 动物

　　动物界也流行着"团结就是力量"的口号，很多动物家族都聚居在一起，结伴而行，一起吃、一起睡，还会轮流当"哨兵"。"哨兵"负责探查四周的动静，一旦发现危险来袭，就会立即拉响"紧急警报"。大家一起躲、一起逃，紧紧地团结在一起，让危险知难而退！

一群海豚的数量可能从十几只到超过1000只，遇到危险时它们会发出声音彼此沟通。

一群蝴蝶一起飞起来，搅得敌人眼花缭乱。

大象行走时，会将小象围在中间，保护小象的安全。

很会游泳的海狮在陆地上没有什么防御能力，一大群聚在一起比较安全。

狐獴（méng）时常警觉地挺起身子四处张望是否有敌人靠近。

一些鸟儿受到惊吓时，会张开翅膀、瞪大眼睛，想把敌人吓跑。

猫咪受到威胁或感到害怕时，会弓起背、竖起毛，发出"哈——哈——"的声音。

螳螂举起镰刀似的前脚不断挥舞，希望能吓走敌人。

会吓人的动物

在这弱肉强食的世界里，不少弱小的动物是依靠高超的"演技"存活下来的。体形小巧的它们并没有什么大本领，但是只要一被欺负，就会成为虚张声势的"演员"，想方设法吓退来犯之敌！

大声吼叫是驴子的防御武器。

有的蛙类遇到危险时，会把整个身体鼓得像气球一样，让自己看起来显得大一点。

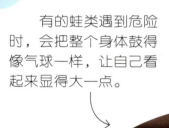

伞蜥突然张开像降落伞一样的伞状薄膜，想用怪模样把敌人吓跑。

带壳带刺 的动物

大自然还有一群特别的存在，它们全副武装，一身"利刃盔甲"，看起来一点也不好惹。但它们很少主动出击，只在感知到危险的时候，迅速躲进硬硬的壳里，或是亮出尖尖的刺，震慑敌人，看看谁敢再靠近！

光看澳洲刺角蜥的样子就知道它可不是好惹的！而且应该也不好吃吧？

豪猪遇到危险时会
竖起背上的尖刺。

哎呀，这就是
靠近豪猪的下场！

刺鲀的游泳能力不是很好，遇到危险
时，整个身体会胀成球形，同时身上竖起
许多小棘刺，像颗小刺球。

敌人一靠近，针
鼹（yǎn）马上蜷起
身体，竖起尖刺。

乌龟的壳是坚固的防
护罩，只要躲进壳里，谁
也伤不到它。

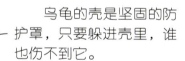

雄锹（qiāo）形虫的大颚，是保护自己的好武器。

带着武器的动物

　　动物们的防身术当然也少不了"武器"的加持！瞧，海象那硕大的獠牙，老鹰那锋利的爪子，还有螃蟹那尖锐的大螯可都是厉害的武器，只要稍被侵犯，它们就会毫不客气地给予回击！

螃蟹挺直身体，举起大螯，想把敌人吓跑。

海象庞大的身躯加上两根大牙，几乎没什么动物敢惹它！

老鹰脚上有强壮有力的鹰爪，只要被抓住了就很难逃开。

山羊头上的一对大角，让肉食动物不敢轻举妄动。

会放臭味的动物

椿象（放屁虫）会释放臭气，臭走敌人。
（摄影／李文贵）

"噗——"是谁又投放了"臭气弹"？这一招，可是放屁虫、臭鼬它们的"独门暗器"，属实是威力无穷！当察觉到危险的时候，它们就会从尾部喷射出特殊的化学物质，射向敌人，熏得敌人惊慌失措、疯狂逃窜。

臭鼬遇到危险时，会高高举起尾巴，准备释放臭气。

马陆会分泌出一种有毒臭液，让敌人不敢吃它。

有些蝴蝶的幼虫遇到危险时，会伸出臭角，发出怪味。

（摄影 / 李文贵）

葬甲以吃动物的腐肉为生，觉得危险时会排出味道腥臭的排泄物。

枯叶蛾停下来时，看起来就像一片枯叶。

只有指尖般大小的豆丁海马，栖息在和自己体色相近的珊瑚上，你发现了吗？

有些袋蛾的幼虫会用枝条和枯叶做窝，把自己藏在里头。

仔细看看树洞里有什么。

细细长长的竹节虫停在花茎上，看起来就像一根小枝干。

（摄影／李文贵）

会躲猫猫的动物

花螳螂躲在花朵里，伪装自己的同时也在等待猎物上门。

　　有那么一群小聪明，会和敌人玩躲猫猫。遇到敌情，它们就会立刻开始"乔装打扮"，静悄悄地躲在绿叶中、藏在枯枝下。这下轮到敌人慌了神，在哪里？在哪里？完全找不到呀！

斜纹天蛾幼虫身上有两个像大眼睛的斑纹，可以把敌人吓跑。（摄影／李文贵）

尺蠖（huò）伸直身体，定在枝干上，看起来就像一截树枝。

会学别人的动物

这只蜡蝉的翅膀花纹像一双大眼睛，敌人乍一看会被吓到，就不敢靠近啦！

没有武器？没有速度？个头也不大？那怎么办呢？当然是放个"烟雾弹"，采用"以假乱真"的策略！瞧，尺蠖变成了树枝，涡虫变成了小蛇，幼虫变成了鸟粪……可真是惟妙惟肖，真假难辨，敌人们都看花了眼！

涡虫的外表看起来像小蛇，让很多天敌不敢轻易靠近。

食蚜蝇的外观和蜂类很相似，不过仔细看还是可以发现它只有一对翅膀，复眼也比较大。

凤蝶幼虫看起来很像一坨鸟粪，一点也不可口，自然也就减少了被吃掉的危险。

保护自己 方法多

你们还知道什么特殊的防身术呢？瓢虫的装死术、蜥蜴的自割术、变色龙的易容术……动物们在危险时刻，总能被激发出聪明才智，纷纷施展自己的防身术化险为夷，招招都奇妙，招招都令我们叹为观止！

蜥蜴遇到危险时会自割，牺牲尾巴，迅速逃走。

有时，整片海域里的同种珊瑚会在相近时间排放卵子及精子，增加繁殖的机会。

螳螂一次生下好多好多宝宝，即使有些被吃掉了，还是有很多可以存活。（摄影／李文贵）

瓢虫遇到危险时除了会装死，有时候还会释放出不好闻的臭液。（摄影／陈振祥）

以下哪些动物遇到危险时会自割身体，以引开敌人的注意？（　　　　）

A. 蜘蛛

B. 螃蟹

C. 蜜蜂

D. 蜥蜴

答案：ABD

图书在版编目（CIP）数据

动物变形计 / 何佳芬等著 ; 张义文等摄影 ; 严凯
信等插图 . -- 福州 : 福建少年儿童出版社 , 2024.4
（万物起源的秘密）
ISBN 978-7-5395-8397-6

Ⅰ . ①动… Ⅱ . ①何… ②张… ③严… Ⅲ . ①动物—
儿童读物 Ⅳ . ① Q95-49

中国国家版本馆 CIP 数据核字 (2023) 第 234177 号

著作权合同登记号：图字 13-2022-045 号
本书中文简体字版由亲亲文化事业有限公司授权出版

万物起源的秘密

动物变形计
DONGWU BIANXING JI
作者 : 何佳芬等 / 著　张义文等 / 摄影　严凯信等 / 插图
出版发行 : 福建少年儿童出版社
社　　址 : 福州市东水路 76 号 17 层
邮　　编 : 350001
经　　销 : 福建新华发行（集团）有限责任公司
印　　刷 : 福州印团网印刷有限公司
地　　址 : 福州市仓山区建新镇十字亭路 4 号
开　　本 : 889 毫米 ×1194 毫米　1/16
印　　张 : 4
版　　次 : 2024 年 4 月第 1 版
印　　次 : 2024 年 4 月第 1 次印刷
ISBN 978-7-5395-8397-6
定　　价 : 28.00 元
如有印、装质量问题，影响阅读，请直接与承印厂联系调换。
联系电话：0591-87881810